FORSCHUNGSBERICHT DES LANDES NORDRHEIN-WESTFALEN

Nr. 2665/Fachgruppe Umwelt/Verkehr

Herausgegeben im Auftrage des Ministerpräsidenten Heinz Kühn
vom Minister für Wissenschaft und Forschung Johannes Rau

Dr.-Ing. Erich Schäle
Versuchsanstalt für Binnenschiffbau e.V., Duisburg
Direktor: Prof. Dr.-Ing. Hans H. Heuser

Naturgroße, vergleichende Untersuchungen von Bugsteuerorganen an Schubverbänden und Großmotorschiffen auf geradem und gekrümmtem Fahrwasser zur Erhöhung der Verkehrssicherheit

176. Mitteilung der Versuchsanstalt für Binnenschiffbau

Springer Fachmedien Wiesbaden GmbH

CIP-Kurztitelaufnahme der Deutschen Bibliothek

Schäle, Erich
Naturgroße, vergleichende Untersuchungen von Bugsteuerorganen an Schubverbänden und Grossmotorschiffen auf geradem und gekrümmtem Fahrwasser zur Erhöhung der Verkehrssicherheit. - 1. Aufl. - Opladen : Westdeutscher Verlag, 1977. -
(Forschungsberichte des Landes Nordrhein-Westfalen; Nr. 2665 : Fachgruppe Umwelt, Verkehr) (Mitteilung der Versuchsanstalt für Binnenschiffbau; 176)

Ursprünglich erschienin bei Westdeutscher Verlag GmbH, Opladen 1977

ISBN 978-3-531-02665-7 ISBN 978-3-663-06785-6 (eBook)
DOI 10.1007/978-3-663-06785-6

Inhalt

1. Einleitung

Im Jahre 1973 wurde das Fahrverhalten von Schubformationen unterschiedlicher Größe und Gestalt im Talverkehr auf den Krümmungsstrecken des Rheins geprüft und dabei nachgewiesen, daß bestimmte Formationen auch bei ungünstigen Witterungs-Verhältnissen allein durch Nutzung der im Schubboot installierten Manövriermittel sicher ihr Ziel (Rotterdam) erreichen [1].

Eine Umfrage hat ergeben, daß von 100 Talfahrten derzeit ca. 80 glatt verlaufen,für den Rest von ca. 20 jedoch weitere Manövrierhilfen - am Bug der Schubleichter oder in der Vorpiek von Großmotorschiffen - installiert werden sollten [2].

Aus eigenen Modelluntersuchungen wissen wir,daß es mehrere Möglichkeiten gibt, fehlende Querkräfte zur Erhöhung der Winkelgeschwindigkeit ω bei Fahrt zu erzeugen.

Sie teilen sich in zwei Hauptgruppen:

a) Aktivruder in Form von Schiffs-, Pumpen- oder Voith-Schneider-Propellern, die von einer separaten Maschine angetrieben und konstruktiv in unterschiedlicher Weise wirksam werden.

b) Passivruder in Form von Ein- oder Mehrflächen-Ruderanlagen, die unter dem auflaufenden Pontonvorschiff, aber mit ihrer Unterkante über dem Schiffsboden angeordnet sind oder solche, die - im Vorschiff integriert - bei Bedarf durch eine Bodenöffnung unter die Basis geschoben werden können.

Die Installationskosten von a) und b) sind nicht nur unterschiclich hoch, sondern auch hinsichtlich ihrer

Wirkung bisweilen konträr. Während Passivruder nur dann Querkräfte erzeugen, wenn sie angeströmt werden - also bei Fahrt des Schiffes - zeigen Aktivruder - ihr Leistungsmaximum oft nur bei geringer Fahrgeschwindigkeit.

Da das Kostenspektrum je nach Konstruktion und Wirkung sehr breit ist und bis zu 5% der Baukosten für die ganze Einheit betragen kann, ist es von großer Bedeutung, durch experimentelle Untersuchungen nachzuweisen, welche Grundtypen in den Bereich der sogenannten optimalen Nutzung gelangen.

Leider war es nicht mehr möglich, den im Arbeitsplan vorgesehenen Schottel-Ruderpropeller hinsichtlich seiner Querkrafterzeugung am Bug eines Schubleichters zu prüfen, weil der einzige als Versuchsobjekt dienende Leichter nicht mehr zur Verfügung gestellt werden konnte.

2. Versuchseinheiten und deren Bugsteuerorgane

Für die naturgroße Untersuchung der Bugsteuerorgane dienten:

a) <u>Großmotorschiffe</u>

auf denen aktive, d.h. motorisch angetriebene "Bugstrahlruder" installiert sind,

b) <u>Schubleichter</u>

mit "Bugflächenrudern", also mit passiv wirkenden Anlagen ausgerüstet sind.

In beiden Fällen erfolgten Bedienung und Überwachung vom Ruderhaus des Schiffes bzw. des Schubbootes aus.

Mit folgenden Einheiten wurden die Untersuchungen durchgeführt:

1. <u>Großmotorschiff</u> "LORENZ KRIEGER"

   Maße siehe Schiffsdatenblatt 1, versehen mit dem "EBERT-BUGSTRAHLRUDER", skizziert in Anlage 1

2. <u>Großmotorschiff</u> "ORANJE 11/12"

   Maße siehe Schiffsdatenblatt 2, versehen mit "GILL-BUGSTRAHLRUDER", skizziert in Anl.2

3. <u>Großmotorschiff</u> "VERA"

   Maße siehe Schiffsdatenblatt 3, versehen mit dem "CLAUSEN-BUGSTRAHLRUDER", skizziert in Anlage 3

4. <u>Großmotorschiff</u> "CLARISSA"

   Maße siehe Schiffsdatenblatt 4, versehen mit dem "SCHOTTEL-BUGSTRAHLRUDER, skizziert in Anlage 4

5. <u>Schubverbände</u> in zweigliedriger Zwillings- und Drillingsformation (4 und 6 Leichter) mit den Schubbooten "ORANJE 1" und "MANNESMANN III", wobei ein oder zwei Schubleichter an der Spitze des Verbands mit Bugflächenrudern nach Anlage 4 ausgerüstet sind.

Die Messungen wurden auf dem Niederrhein zwischen Köln und Emmerich sowie in der stromlosen Stauhaltung Ruhrort (Ruhr) und Heilbronn (Neckar) durchgeführt - die letzteren beiden, um die Pfahlzug- u. Drehkreismessungen zuverlässig ausführen zu können.

3. Versuchsdurchführung

Hier ist zunächst zwischen den quasistationären Messungen und den Messungen bei Fahrt der Einheiten zu unterscheiden. Erstere dienen dazu, die auf das Schiff einwirkende Querkraft der Strahlantriebe zu ermitteln und zwar

a) durch Festlegung des Schiffes an entsprechend vorgefundenen Dalben in genügender Entfernung vom Ufer, so daß Meßfehler durch Aufstau oder hydraulischen Kurzschluß vermieden werden. Diese Kraftwirkung wird dabei in Abhängigkeit gestufter Propellerdrehzahlen geschrieben und die Schriebe zwecks korrekter Mittelwertbildung planimetriert (System: Pfahlzugmessung),

b) durch Freigabe des Schiffes und Drehung (Schwenkung) etwa um den Verdrängungsschwerpunkt (L/2) ohne Vorausfahrt - also "Drehkreis" im Stand, die aus versuchstechnischen Gründen auf 180°-Wendungen beschränkt wurden (Skizzen zu a) und b), siehe Anlage 6).

Beide Versuchsarten wurden in annähernd stehendem Wasser ausgeführt.

Die Messungen bei Fahrt des Schiffes bzw. der Einheit, sollten die Querkraftwirkung durch mehr oder weniger schnelle Kursänderung quantifizieren, wobei das Hauptruder in dynamischer Nullstellung verbleibt+) und zu Beginn des Versuchs auch der Wendezeiger in Nullstellung verharrte.

Das Bugstrahlruder wurde mit höchster Drehzahl gefahren, dagegen die Fahrgeschwindigkeit durch Stufung der Antriebspropellerdrehzahl verändert, bis die Extremwerte erreicht waren. Bei den Bugflächenrudern blieb die Fahrgeschwindigkeit im betrieblichen Maximum - nur wurden die Anstellwinkel zwischen Null und 45° verändert.

Zielvorstellung dabei war der Nachweis der erhofften Minderung der Fahrbahnbreite in Talfahrt befindlicher Schubverbände auf dem Rhein.

+) (Dynamische Nullstellung = diejenige Ruderlage, bei der das Schiff bzw. der Verband einen Geradeauskurs hält).

4. Versuchsauswertung

Die Auswertung der Meßergebnisse erfolgte einerseits durch Planimetrieren der geschriebenen Ergebnisse bzw. durch arithmetische Mittelung der protokollierten Meßwerte. Diese aus beiden Verfahren gewonnenen Mittelwerte sind einmal in üblicher Weise grafisch dargestellt und zum anderen wurde durch Quotientenbildung auf rechnerischem Wege versucht, Allgemeingültigkeit der Aussagen zu erreichen.

4.1 Meßwertdarstellung

Die Darstellung der reinen Querkraftmessung (Pfahlzug) in Abhängigkeit von der Propellerdrehzahl erfolgt in den Anlagen 7 bis 10. Sie zeigen nicht nur die reinen Werte, sondern zugleich die Charakteristik des jeweiligen Bugstrahlruders.

In den Anlagen 11 bis 13 ist - während der Fahrt aus geradem Kurs heraus-die Kursabweichung bzw. die Winkel- oder Wendegeschwindigkeit ω in Abhängigkeit von der Fahrgeschwindigkeit des Schiffes aufgetragen. Ebenso wie in Anlagen 7 bis 10 wurde - soweit möglich - der Versuch im beladenen und im leeren Zusstand ausgeführt.

Eine erste Vergleichbarkeit der Querkraftwirkung zeigt die Anlage 14. Hier wurde die gemessene Querkraft durch die der jeweiligen Propellerdrehzahl zugeordneten Motorleistung dividiert. Um Übereinstimmung zu erreichen, sind die Propellerdrehzahlen in % umgerechnet worden, wobei 100% = Vollast bedeuten.

4.2 Allgemeingültige Darstellung der Versuchsergebnisse

Da die vier in der Praxis eingeführten Bugstrahlruder nicht mit ein und demselben Schiff geprüft werden konnten, sondern dazu diejenigen 4 Schiffe verwendet werden mußten, die die gewünschten Anlagen besaßen, wird durch Bildung von Beiwerten versucht, den Einfluß von Größe und Form zu eliminieren.

Dabei wurde unterschieden zwischen

a) quasistationären Meßergebnissen, gewonnen bei Querkraftmessungen und Drehkreisversuchen aus dem Stand heraus, ohne Hauptmaschine

b) dynamischen Meßergebnissen, gewonnen während der Drehkreisfahrten bei betriebsüblicher Geschwindigkeit [Aufdreh-Versuch]

Folgende Meßwerte bzw. Schiffsdaten sind dabei notwendig:

a)	Stationäre Querkraft (Querzug am Pfahl)	Q	[kp]
	Winkelgeschwindigkeit im Drehkreis	ω	[°/min]
	Schiffslänge	L	[m]
	Schiffstiefgang	T	[m]
	Lateralplan (fällt später heraus)	A_L	[m^2]
b)	Fahrgeschwindigkeit des Schiffes ü.Gr.	$V_{ü.G.}$	[m/s]
	Winkelgeschwindigkeit bei Fahrt	ω	[°/min]
	Wasserverdrängung	$\forall$	[m^3]
	Lateralplan (fällt später heraus)	A_L	[m^2]

Daraus lassen sich auf die später in der Schiffshydrodynamik übliche Weise Beiwerte errechnen, die in weitgehendem Maße Vergleichbarkeit ermöglichen.

a) Der Beiwert aus den Drehkreismessungen im Stand ist:

$$C_{St} = \frac{Q}{\rho/2 \cdot V_B^2 \cdot A_L}$$

V_B = Kreisbahngeschwindigkeit des Bugsteuerorg.

$$V_B = R_C \cdot \omega$$

$$R \approx L/2; \quad A_L \approx T \cdot L$$

Dies in die obige Gleichung eingesetzt und die Konstanten zusammengefaßt, führt zu dem Ausdruck:

$$C_{St} \frac{Q}{T \cdot L^3 \cdot \omega^2} \cdot K_1$$

b) Der Beiwert aus den dynamischen Versuchen, also während der Fahrt gemessen, ist:

$$C_{dyn.} = \frac{P_Z}{\rho/2 \cdot V_{ü.G.}^2 \cdot A_L}$$

P_Z = Zentrifugalkraft

$P_Z = m \cdot \omega^2 \cdot R_C$

$P_Z = \frac{\forall}{g} \cdot \omega^2 \cdot R_C$

Dies eingesetzt und die Konstanten zusammengefaßt ergibt:

$$C_{dyn} = \frac{\forall \cdot \omega^2}{V_{ü.G.}^2 \cdot T} \cdot K_2$$

Diese Querkraftbeiwerte wurden in den Anlagen 15 und 16 dargestellt.

Vergleicht man die Diagramme, so zeichnen sich vorerst zwei Bugstrahlruder besonders aus:

1. Benötigt man hohe Schubkräfte bei kleiner Fahrgeschwindigkeit, dann erreicht man das gewünschte Ziel zuverlässig mit dem SCHOTTEL-BUGSTRAHLRUDER;

2. legt man dagegen auf Erhöhung der Manövrierschnelligkeit bei Fahrt großen Wert, erfüllt das EBERT-BUGSTRAHLRUDER die gewünschten Bedingungen.

Das Ergebnis der Bugflächenruder wurde den Umständen und Erwartungen entsprechend nicht in gleicher Weise dargestellt, sondern in dasjenige Diagramm eingetragen, das sich mit der beanspruchten Fahrbahnbreite von Schubverbänden bei Talfahrt auf strömenden Gewässern befaßt

[3]: Es zeigt die beanspruchte Fahrbahnbreite von zweigliedrigen Zwillings- und Drillingsverbänden ohne und mit Einsatz der Bugruder, wobei bei letzterem eine Minderung bis zu 20 % eintritt. Darüber hinaus ist auf annähernd gerader Strecke oder in Krümmungen≥2000 m das Fahren und Manövrieren unter alleiniger Verwendung der Bugruder möglich, d.h. die im Propellerstrahl arbeitenden Heckruder verbleiben in Nullstellung und verursachen somit keine zusätzlichen Vortriebsverluste!

Die Anl. 18 zeigt eine Begegnung zweier Sechs-Leichter Schubverbände bei Rhein-km 799,3,wobei der zu Tal fahrende in dreigliedriger Zwillingsformation gekoppelt ist. Während der Bergfahrer nur seine Heckruder bediente,nutzt der Talfahrer die installierten Bugruder aus und erreicht damit einen fast idealen Begegnungsablauf.

5. Zusammenfassung

Durch finanzielle Förderung des Landes Nordrhein - Westfalen war es erstmalig möglich, auf dem Markt befindliche Bugruderanlagen für Binnenschiffe zu prüfen.

Die beiden bekannten Gattungen:

Aktivruder = Bugstrahlruder und
Passivruder = Bugflächenruder

erstere in Großmotorschiffe
letztere in Schubleichter

installiert, wurden quasistationär und fahrdynamisch untersucht.

Dabei stellten sich Vor- und Nachteile klar heraus, sodaß einerseits der potentielle Interessent seine Wahl treffen, andererseits der Konstrukteur und Hersteller aus den Ergebnissen Schlüsse über weitere Verbesserun- ziehen können.

Das Versuchsvorhaben wurde unter reger Teilnahme der Praxis durchgeführt und bereits vielseitig diskutiert.

Wir danken dem Land NRW für die Förderung dieses Forschungsvorhabens.

SCHIFFSDATENBLATT

Name des Schiffes: "LORENZ KRIEGER"

Reederei: Gebr. Krieger, Neckar-Steinach

Bauwerft: Philipp Ebert u. Söhne

Typ: Großmotorschiff Baujahr: 1974

Abmessungen: $L_{üA}$ 105,04 m L_{pp} 105,00 m

$B_{üA}$ 11,03 m B_{Sp} 10,95 m

H_S 3,22 m T_{max} 3,22 T_{leer} 0,78 m

Völligkeitsgrad: 0,882 $T_{Vers.}$ 220 m $V_{Vers.}$ 2242 m^3

Verdrängung: 3280 m^3 Zuladung: 2650 t

Maschine: Hersteller: M W M

Typ: TDB 484-6U Anzahl: 1

Nennleistung: 1300 PS Nenndrehzahl: 385 U/min

Einstellungswerte: 1300 PS 385 U/min

Getriebe: Übersetzungsverhältnis --

Propeller: Hersteller: Schaffran

Typ: etwa wie b 4.70 Durchmesser: 1,60 m

H/D: 0,888 H: 1,42 m Fa/F: ca. 70%

Z: 4 Propellerdrehzahl: 385 U/min

Rudertyp: Zweiflächenruder (nach Hitzler)

Sonstiges: Bugstrahlruder mit Kreuzkanälen, hydraulisch betrieben. Antriebsmotor D232 VO8; 186 PS bei 2500 U/min

SCHIFFSDATENBLATT

Name des Schiffes: "ORANJE 11"

Reederei: Braunkohle

Bauwerft: Hilgers

Typ: Tankmotorleichter **Baujahr:** 1972

Abmessungen:
$L_{üA}$ 107,76 m L_{pp} 105,60 m
$B_{üA}$ 11,40 m B_{Sp} 11,36 m
H_S 3,50 m T_{max} 3,20 T_{leer} 0,7 m
Völligkeitsgrad: 0,91 $T_{Vers.}$ 2,6 m $V_{Vers.}$ 2907 m^3
Verdrängung: 3578 m^3 **Zuladung:** 2895 t

Maschine: Hersteller: K H D
Typ: SBA 87528 **Anzahl:** 2
Nennleistung: 2x800 PS **Nenndrehzahl:** 750 U/min
Einstellungswerte: 800 PS 750 U/min
Getriebe: Übersetzungsverhältnis 2,5 : 1

Propeller: Hersteller: Ostermann
Typ: Muschelpropeller Durchmesser: 1,60 m
H/D: 1,036 H: 1,66 m Fa/F: 1
Z: 3 Propellerdrehzahl: 300 U/min

Rudertyp: Becker

Sonstiges: Gill-Bugstrahlruder

SCHIFFSDATENBLATT

Name des Schiffes: "CLARISSA"

Reederei: Väth

Bauwerft: Berlin-Spandau 1969 - Umbau Mainz-Mombach 1975

Typ: GMS   Baujahr: 1969

Abmessungen: $L_{üA}$ 95,00 m L_{pp} ... m

$B_{üA}$ 9,50 m B_{Sp} ... m

H_S ... m T_{max} 2,58 T_{leer} 0,625 m

Völligkeitsgrad: ... $T_{Vers.}$ 1,10 m $\nabla_{Vers.}$ 1,80 m^3

Verdrängung: ... m^3 Zuladung: 1596,7 t

Maschine: Hersteller: M A N cbm 7,792/cm

Typ: V6V 16/18 TL   Anzahl: 1

Nennleistung: 940 PS   Nenndrehzahl: 1500 U/min

Einstellungswerte: 940 PS   1460 U/min

Getriebe: Übersetzungsverhältnis 4 : 1

Propeller: Hersteller: Ostermann

Typ: B 4.70   Durchmesser: 1.50 m

H/D: ...   H: ... m   Fa/F: 0,70

Z: 4   Propellerdrehzahl: 300 U/min

Rudertyp: Becker

Sonstiges: Schottel-Bugstrahlruder 120 OS bei 2000 Upm

SCHIFFSDATENBLATT

Name des Schiffes: "VERA"

Reederei: NPRC Rotterdam

Bauwerft: De Biesbosch

Typ: Großmotorschiff Baujahr: 1974

Abmessungen: $L_{üA}$ 108,5 m L_{pp} ... m

$B_{üA}$ 11,40 m B_{Sp} 11,40 m

H_S 4,00 m T_{max} 4,00 ... T_{leer} ... m

Völligkeitsgrad: 0,92 $T_{Vers.}$ ... m $V_{Vers.}$ ... m^3

Verdrängung: ... m^3 Zuladung: 3250 t

Maschine: Hersteller: Caterpillar

Typ: 398 Anzahl: 2

Nennleistung: 850 PS Nenndrehzahl: 1350 U/min

Einstellungswerte: 850 PS 1225 U/min

Getriebe: Übersetzungsverhältnis 3,5 : 1

Propeller: Hersteller: van der Voorde, Zaltbommel

Typ: ... Durchmesser: ... m

H/D: ... H: ... m Fa/F: ...

Z: 4 Propellerdrehzahl: 350 U/min

Rudertyp: van der Velde 2 x 3 Flächenruder

Sonstiges: Clausen-Bugstrahlruder StB und BB-Seite

SCHIFFSDATENBLATT

Name des Schiffes: "ORANJE I"

Reederei: Amstelland, Amsterdam

Bauwerft: E. Berninghaus, Köln

Typ: Schubboot Baujahr: 1970

Abmessungen: $L_{üA}$ 32,00 m L_{pp} 30,94 m

$B_{üA}$ 11,92 m B_{Sp} 11,86 m

H_S 3,65 m T_{max} 1,80 T_{leer} 115 m

Völligkeitsgrad: 0,64 $T_{Vers.}$ 1,75 m $V_{Vers.}$ ...... m^3

Verdrängung: 416 m^3 Zuladung: 115 t

Maschine: Hersteller: Daimler-Benz

Typ: MTU/MB12V493 Anzahl: 3

Nennleistung: 1000 PS Nenndrehzahl: 1450 U/min

Einstellungswerte: 3 x 1000 PS 1450 U/min

Getriebe: Übersetzungsverhältnis 1 : 5

Propeller: Hersteller: Ostermann

Typ: B 4.90 Durchmesser: 1,80 m

H/D: 1,033 H: 1,86 m Fa/F: 0,90

Z: 4 Propellerdrehzahl: 290 U/min

Rudertyp: Schilling-Vierflächenruder (als Haupt- u. Flankenruder)

Sonstiges: 3-Schrauben-Niederrhein-Schubboot

SCHIFFSDATENBLATT

Name des Schiffes: "MANNESMANN III"

Reederei: Mannesmann

Bauwerft: De Biesbosch, Dordrecht (Holland)

Typ: Schubboot Baujahr: 1973

Abmessungen: $L_{üA}$ 35,00 m L_{pp} 33,40 m

$B_{üA}$ 13,50 m B_{Sp} 12,93 m

H_S 2,80 m T_{max} 1,94 T_{leer} 1,70 m

Völligkeitsgrad: 0,71 $T_{Vers.}$ 1,70 m $V_{Vers.}$ ...... m^3

Verdrängung: 554,0 m^3 Zuladung: 128 t

Maschine: Hersteller: Bollnes

Typ: 10 DNL 150/600 Anzahl: 3

Nennleistung: 1800 PS Nenndrehzahl: 600 U/min

Einstellungswerte: 1800 PS 600 U/min

Getriebe: Übersetzungsverhältnis 1 : 2,5

Propeller: Hersteller: van Voorden, Zaltbommel (in Düsen)

Typ: B 4.90 Durchmesser: 1,98 m

H/D: 1,02 H: 2,030 m Fa/F: 0,9

Z: 4 Propellerdrehzahl: 240 U/min

Rudertyp: 3 Profilruder als Hauptruder, 3 Paar Flankenruder

Sonstiges: Niederrhein-Großschubboot

Anl.: 1

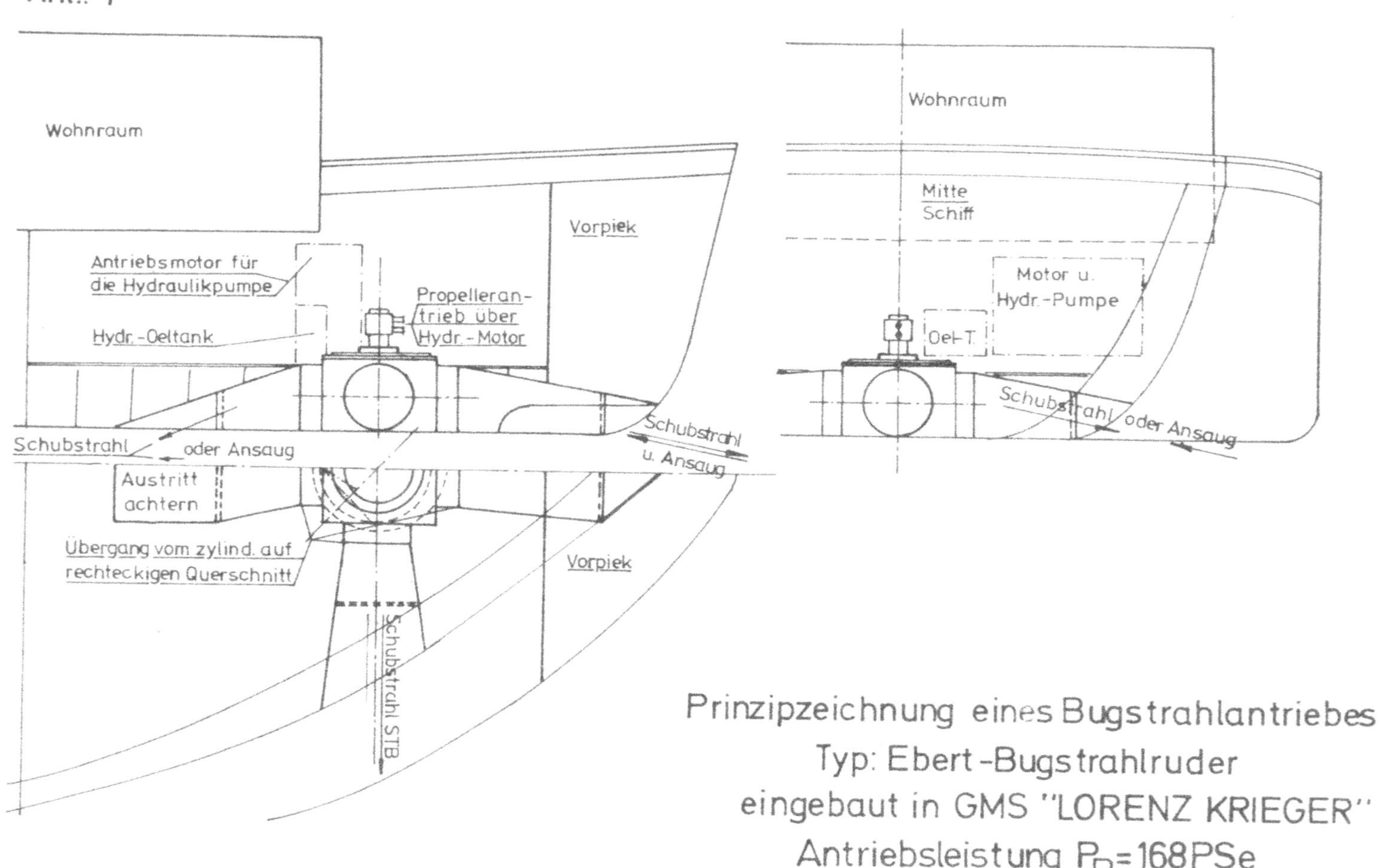

Prinzipzeichnung eines Bugstrahlantriebes
Typ: Ebert-Bugstrahlruder
eingebaut in GMS "LORENZ KRIEGER"
Antriebsleistung $P_P = 168 PSe$

Anl.: 2

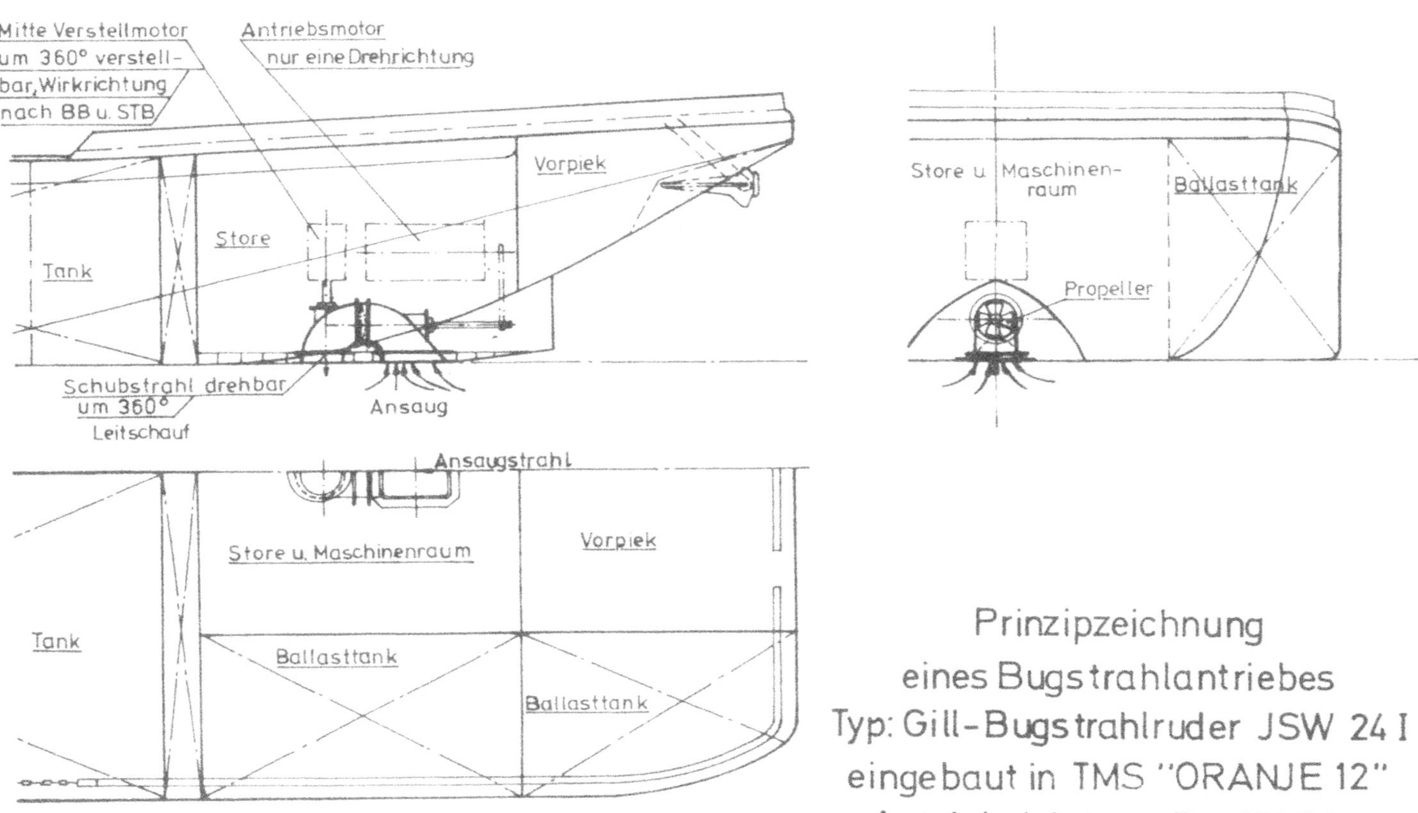

Prinzipzeichnung
eines Bugstrahlantriebes
Typ: Gill-Bugstrahlruder JSW 24 I
eingebaut in TMS "ORANJE 12"
Antriebsleistung P_D=162 PSe

Anl.: 3

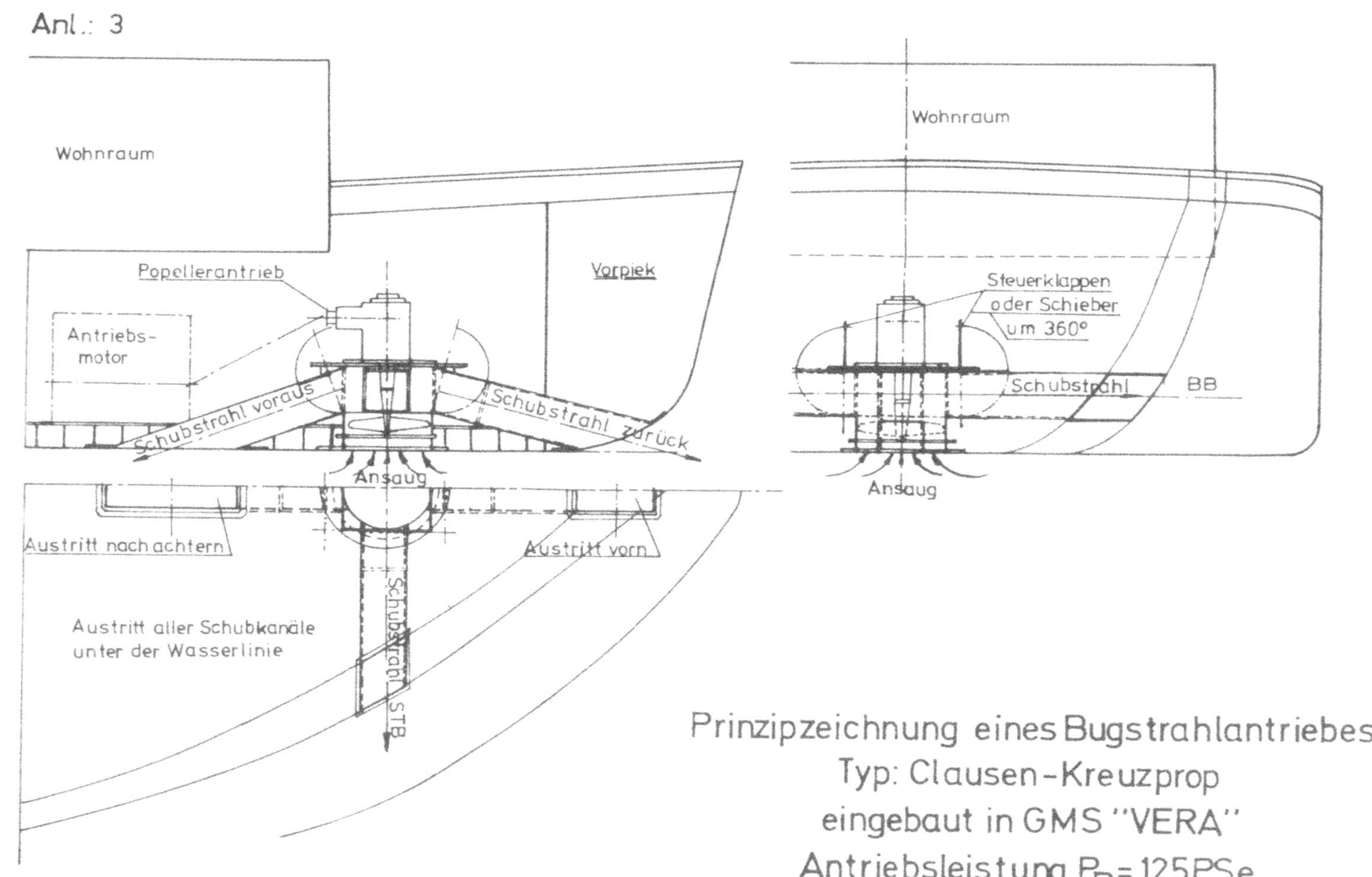

Prinzipzeichnung eines Bugstrahlantriebes
Typ: Clausen-Kreuzprop
eingebaut in GMS "VERA"
Antriebsleistung $P_B = 125 PSe$

Anl.: 4

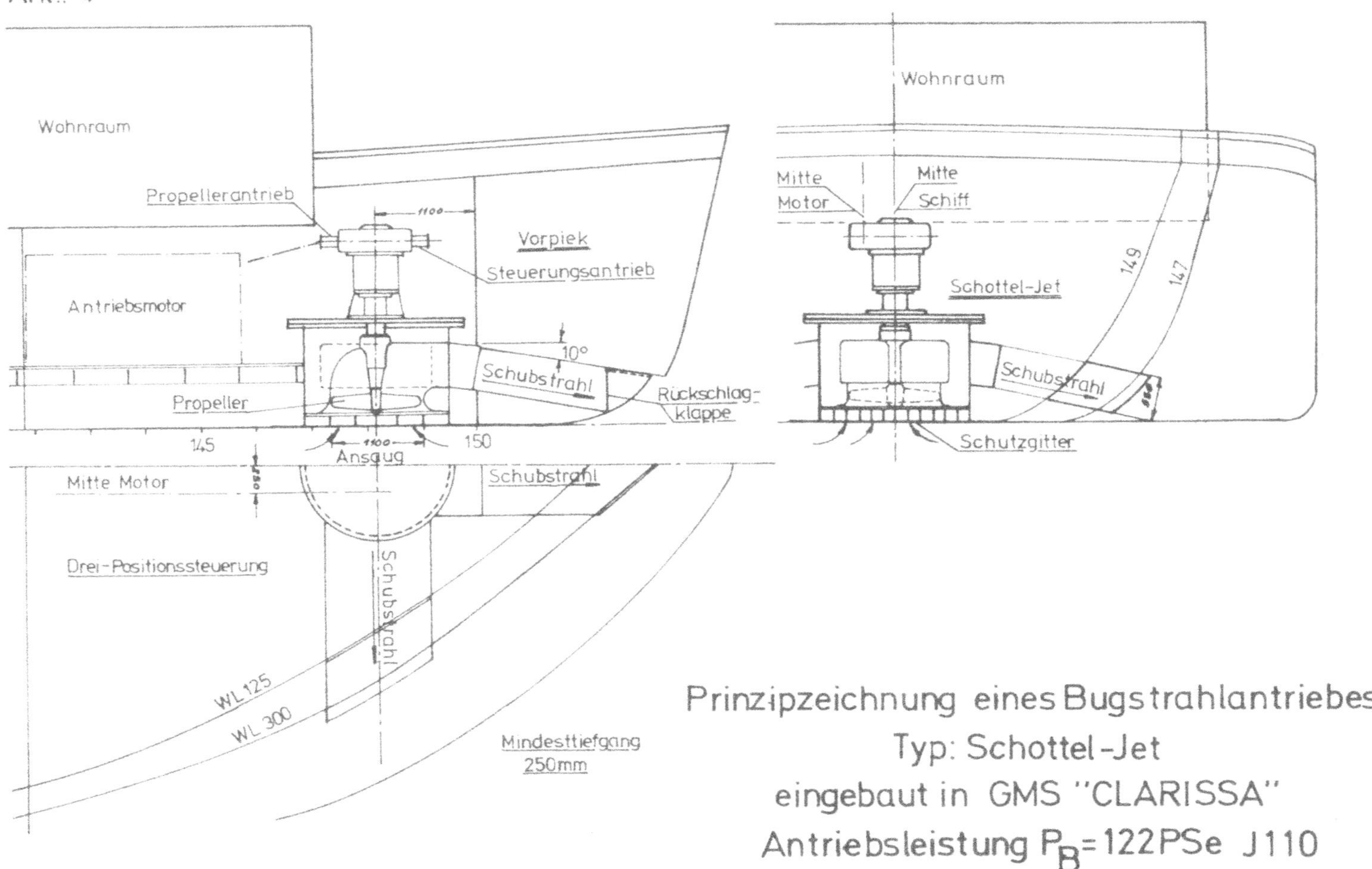

Prinzipzeichnung eines Bugstrahlantriebes
Typ: Schottel-Jet
eingebaut in GMS "CLARISSA"
Antriebsleistung P_B=122PSe J110

Anl: 5

EUROPA - LEICHTER II

(Vorschiff mit Bugflächenruder)

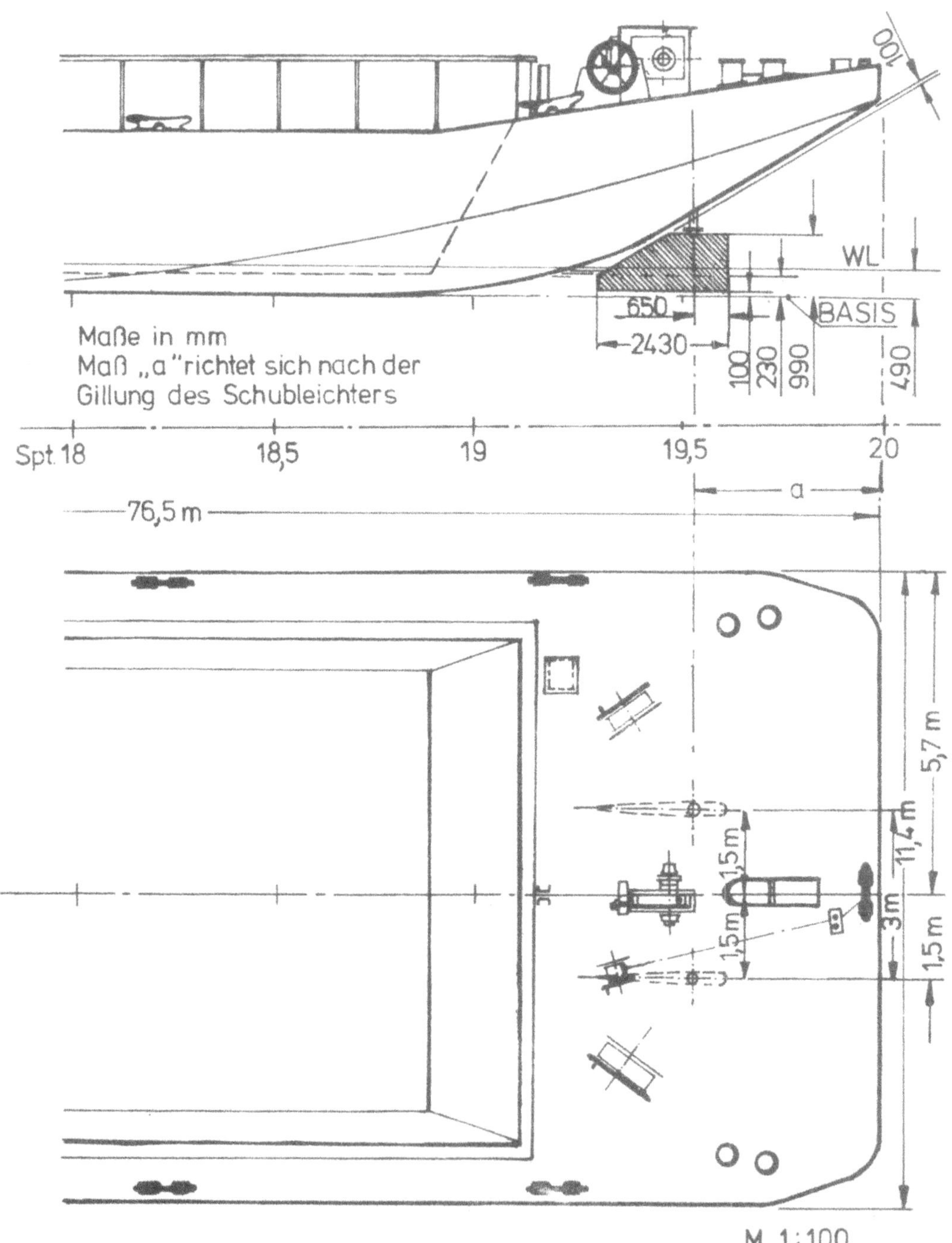

Anl.: 6

Lage des Schiffes bei der Querkraftmessung

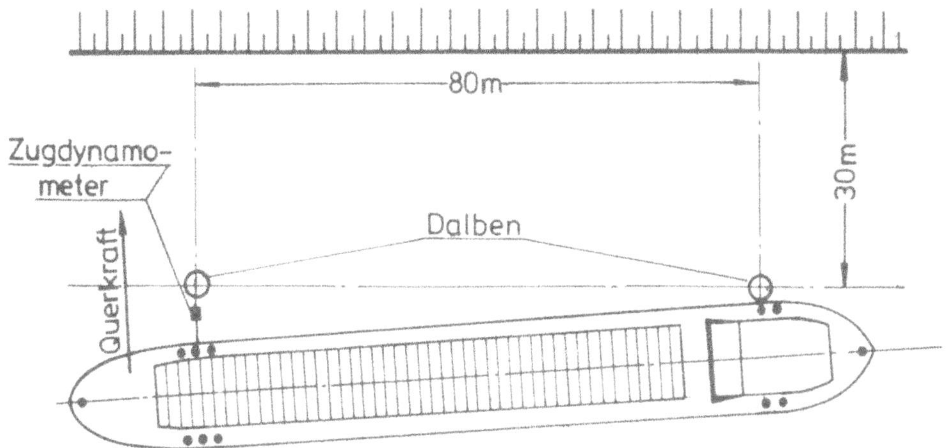

Drehkreismessung im Stand

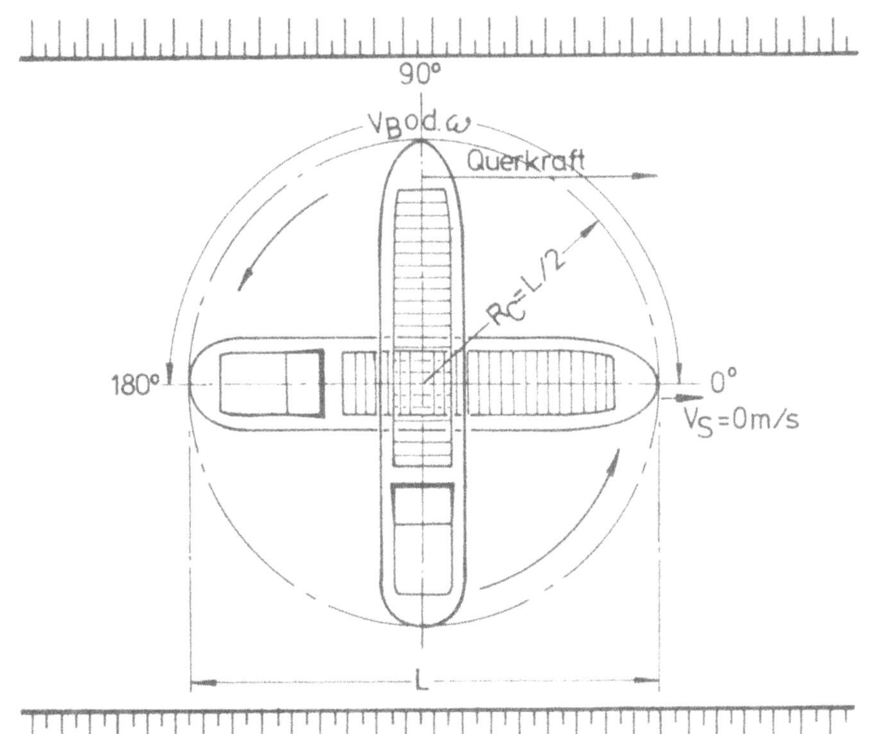

Anl.: 7

BUGSTRAHLRUDER TYP "EBERT" auf GMS "LORENZ KRIEGER"

Kraftmessung

P_B = 186 PS P_p = 168 PS

h = 4,0 m

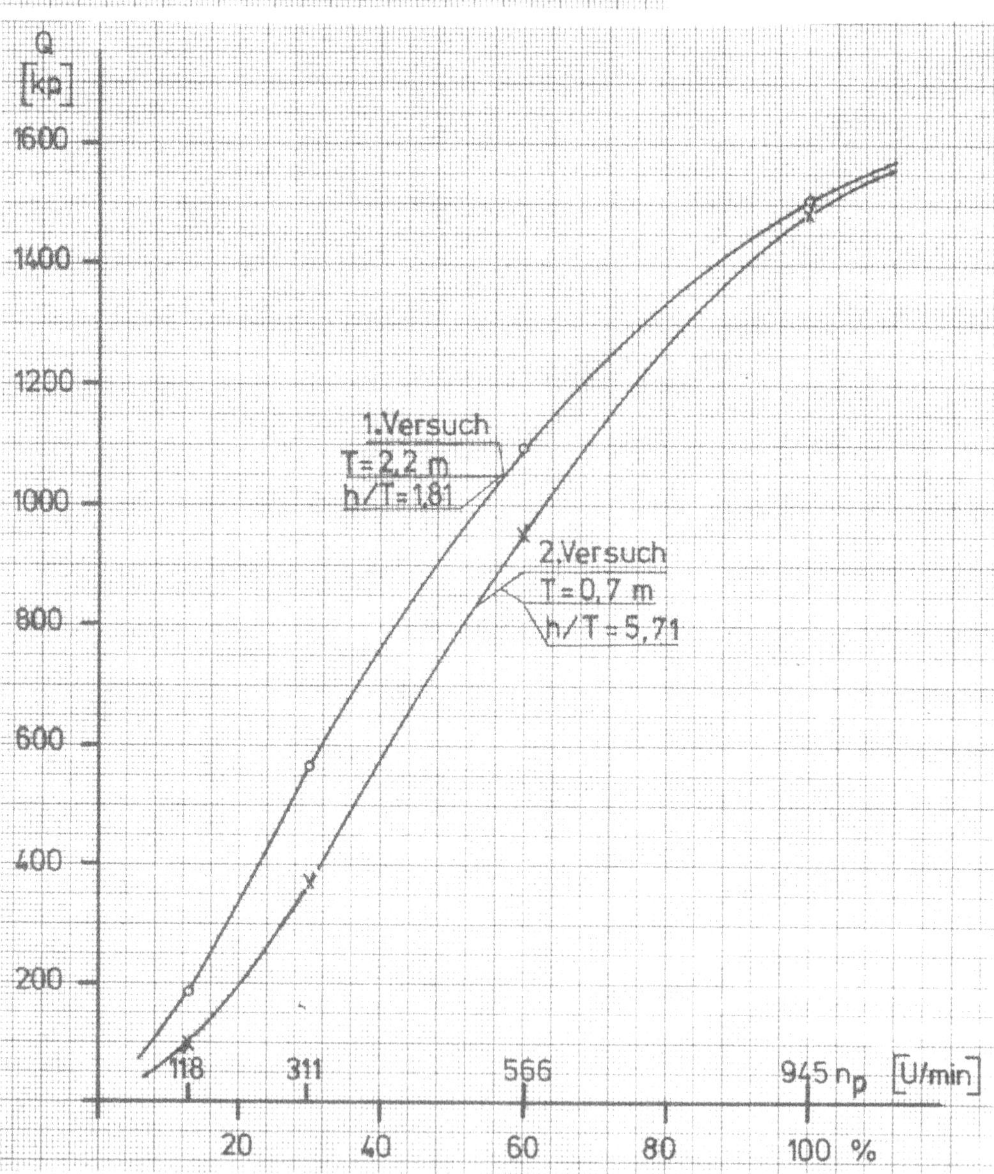

Anl.: 8

BUGSTRAHLRUDER TYP "GILL" auf TMS "ORANJE 12"

Kraftmessung

P_B = 180 PS ; P_D = 162 PS

h = 6,0 m T = 2,2 m

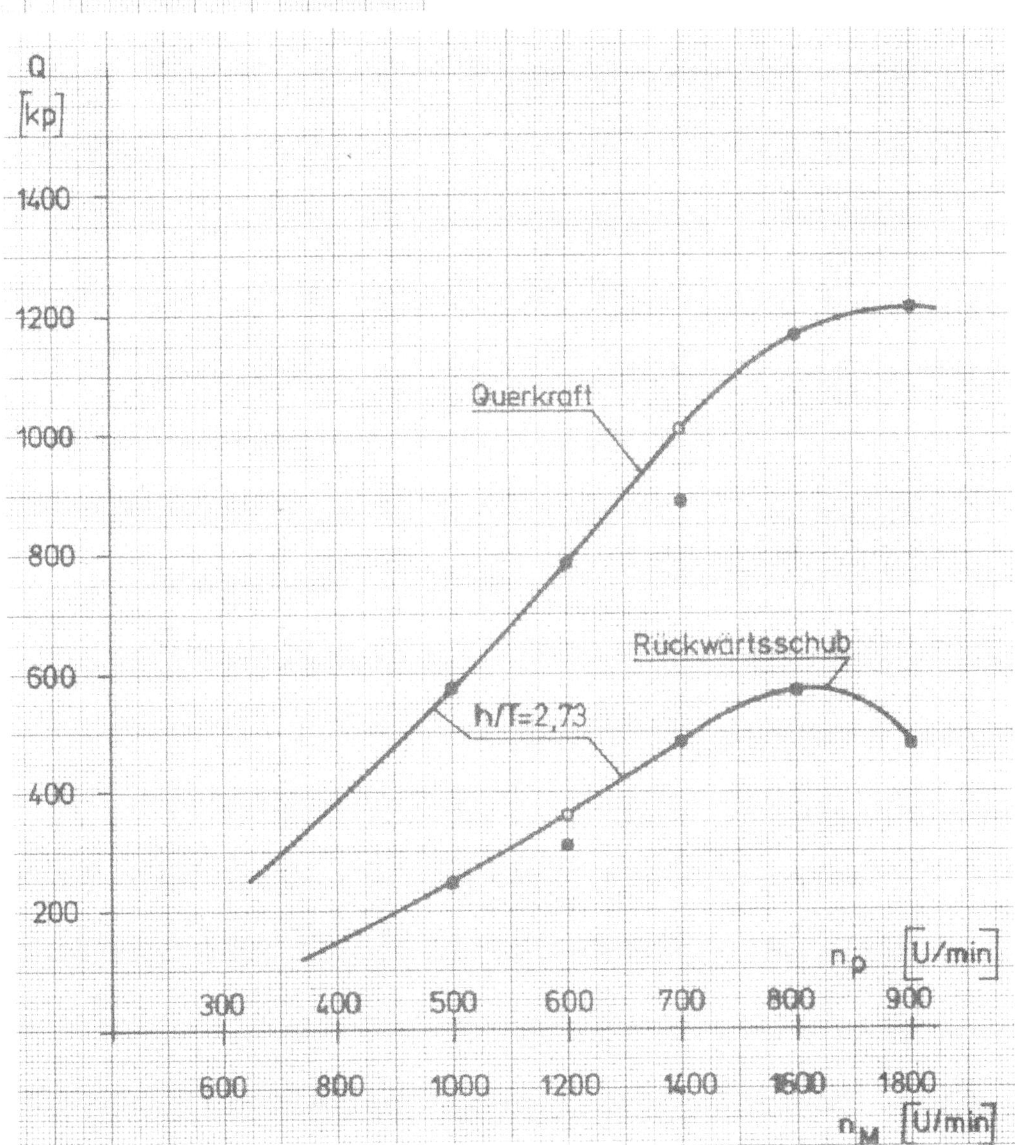

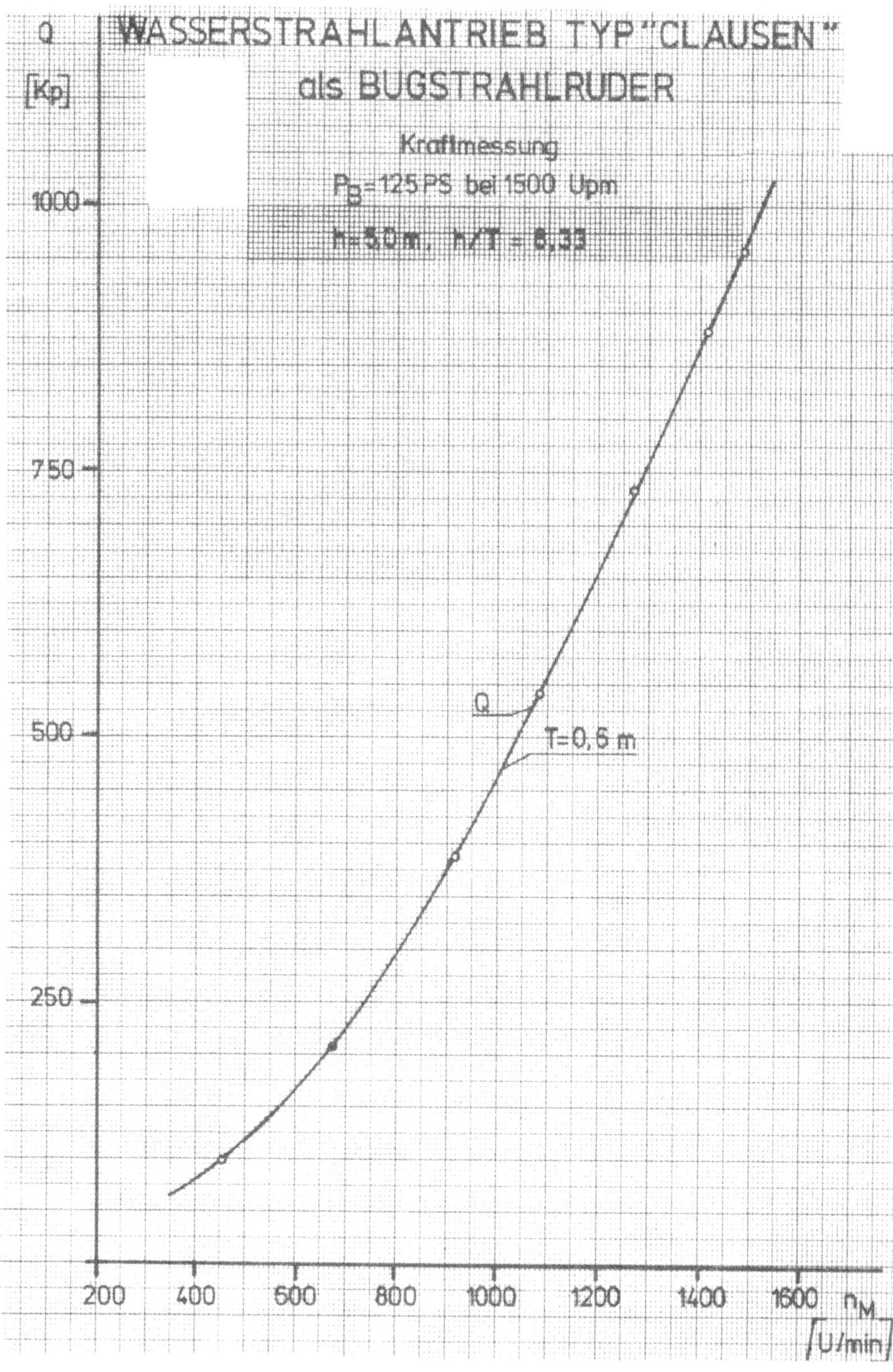

Anl.: 9
WASSERSTRAHLANTRIEB TYP "CLAUSEN"
als BUGSTRAHLRUDER
Kraftmessung
P_B = 125 PS bei 1500 Upm
h = 5,0 m, h/T = 8,33
Q
[Kp]
1000
750
500
250
Q
T = 0,6 m
200
400
600
800
1000
1200
1400
1600
n_M
[U/min]

Anl.: 10

BUGSTRAHLRUDER TYP "SCHOTTEL"
auf GMS "CLARISSA"
Kraftmessung
P_B=122 PS bei 2000 Upm
h=4,0m
Q [kp]
2000
1500
1000
500
0
600
800
1000
1200
1400
1600
1800
2000
n_M [U/min]
2.Versuch
T=1,27m
T_{vorn}=0,7m
h/T=3,15
T=1,60m
1.Versuch
T_{vorn}=1,08
h/T=2,5
T=1,80m
T_m=1,80m
3.Versuch
h/T=2,22

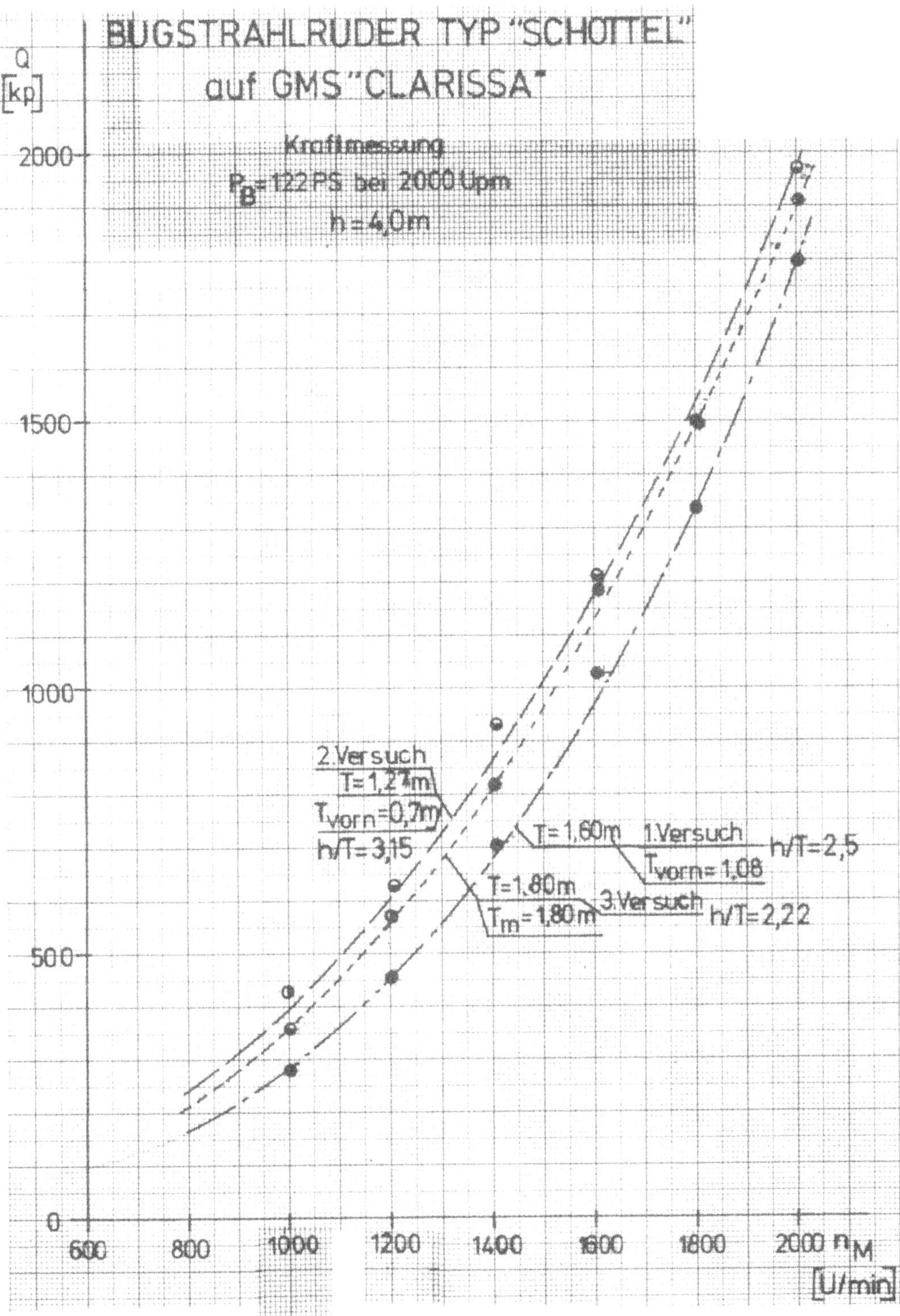

Anl.: 11

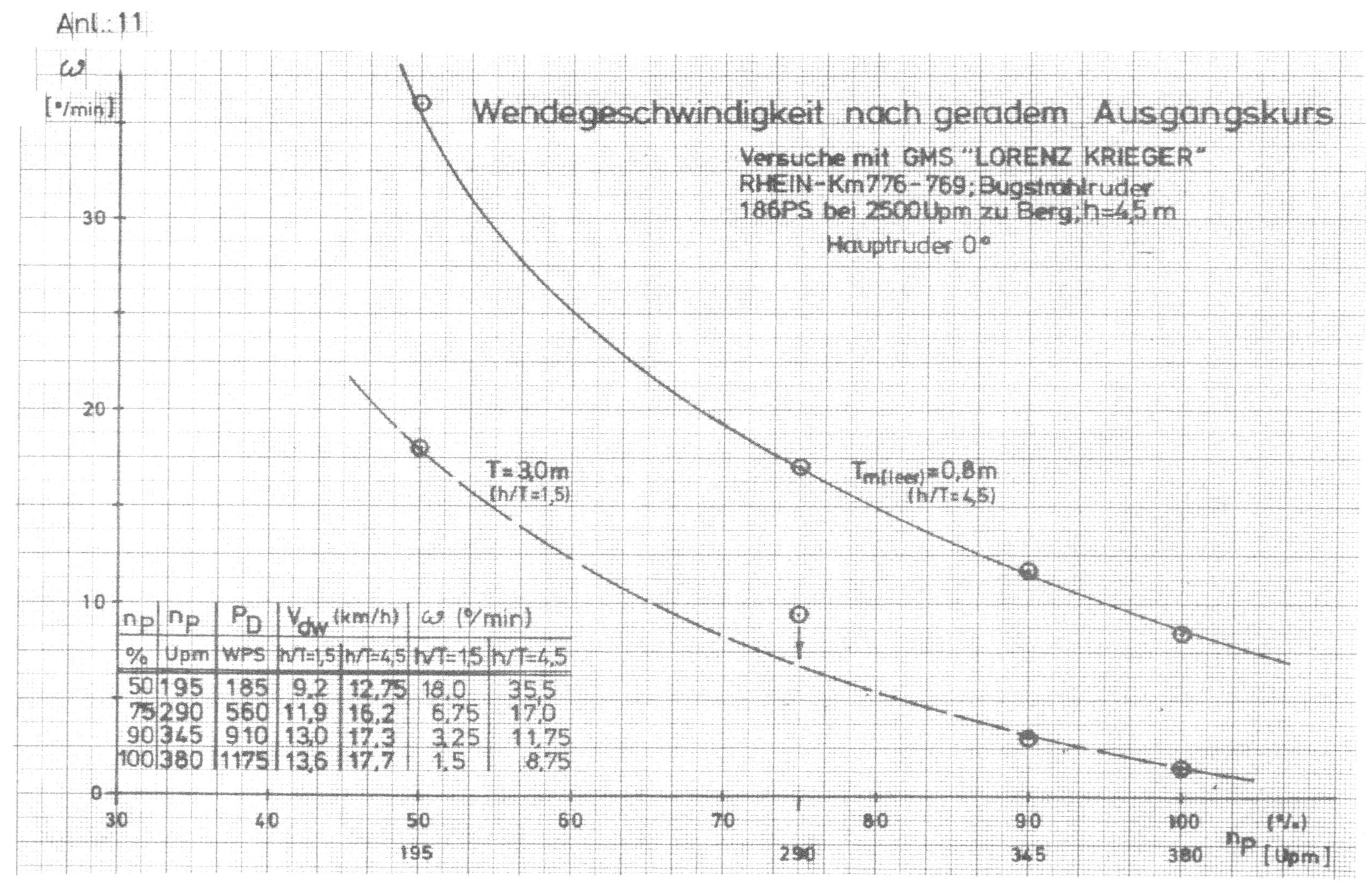

n_P	n_P	P_D	V_{dw} (km/h)		ω (°/min)	
%	Upm	WPS	h/T=1,5	h/T=4,5	h/T=1,5	h/T=4,5
50	195	185	9,2	12,75	18,0	35,5
75	290	560	11,9	16,2	6,75	17,0
90	345	910	13,0	17,3	3,25	11,75
100	380	1175	13,6	17,7	1,5	8,75

Anl.: 12

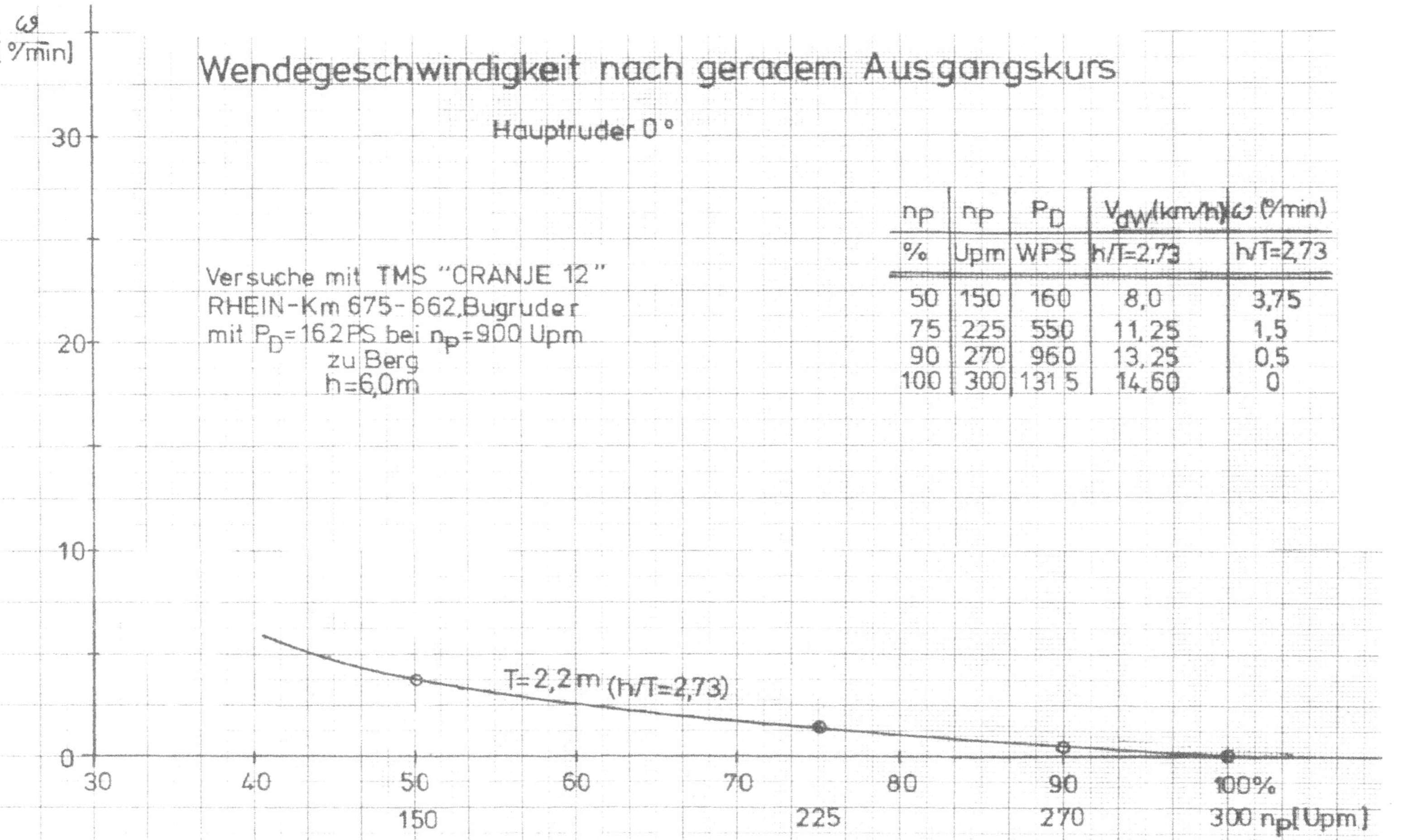

n_P	n_P	P_D	V_{dW} (km/h)	ω (°/min)
%	Upm	WPS	h/T=2,73	h/T=2,73
50	150	160	8,0	3,75
75	225	550	11,25	1,5
90	270	960	13,25	0,5
100	300	131 5	14,60	0

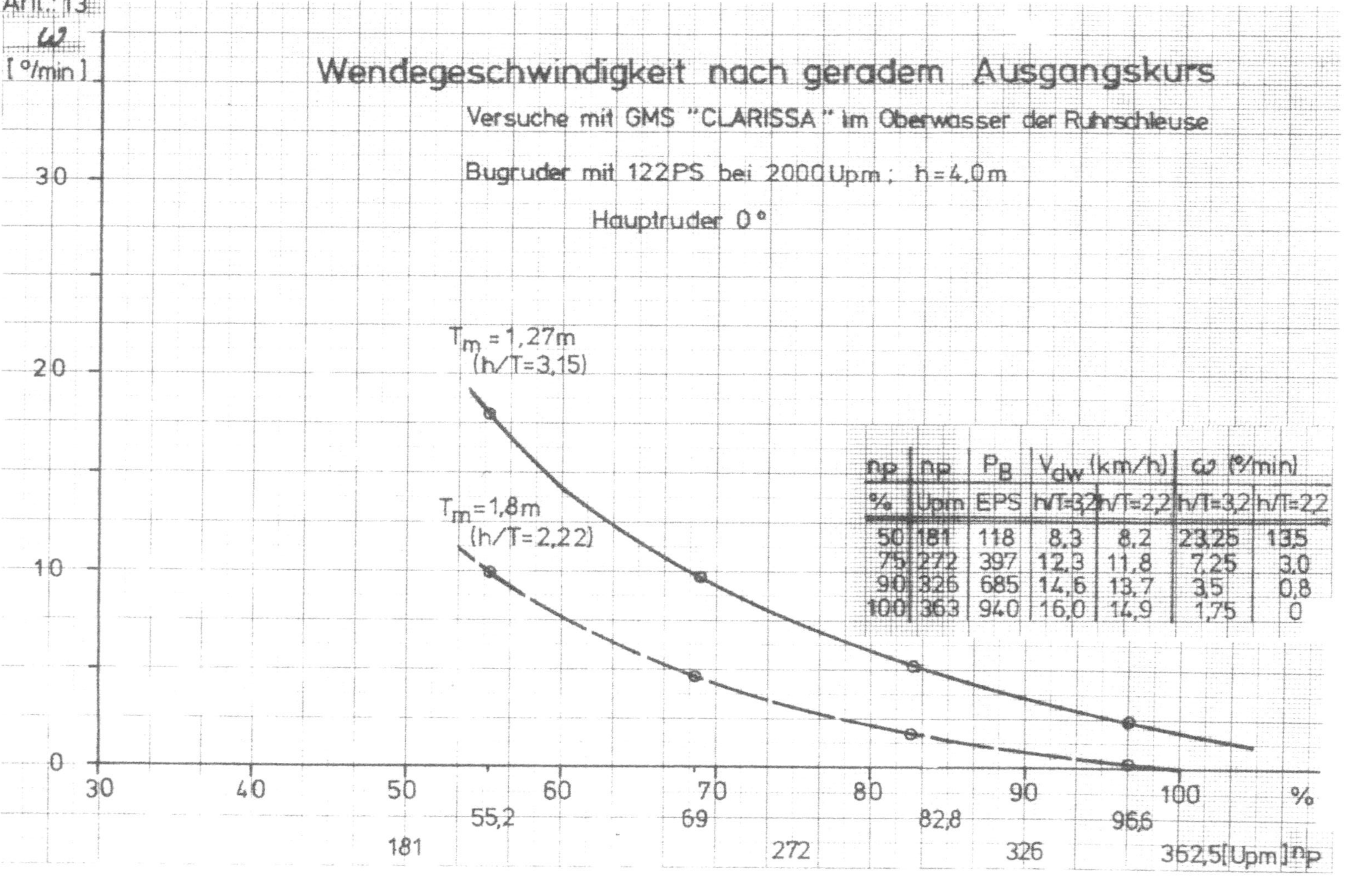

n_P	n_P	P_B	V_{dw} (km/h)		ω (°/min)	
%	Upm	EPS	h/T=3,2	h/T=2,2	h/T=3,2	h/T=2,2
50	181	118	8,3	8,2	23,25	13,5
75	272	397	12,3	11,8	7,25	3,0
90	326	685	14,6	13,7	3,5	0,8
100	363	940	16,0	14,9	1,75	0

Anl.: 14

Vergleich der spez. Querkräfte Q/P_B [kp/PS_e]
aufgetragen über Motorenantriebs-Drehzahl in % n_M
Q/P_B
[kp/PS_e]
40
30
20
10
Gill
TMS "ORANJE 12" bel. 2,2 m
Clausen
GMS "VERA" leer 0,6 m
Ebert
GMS "L.KRIEGER" bel. 2,2 m
Ebert
GMS "L.KRIEGER" leer 0,7 m
Schottel
GMS "CLARISSA" bel. 1,6 m
Schottel
GMS "CLARISSA" leer 0,7 m
T=2,2 m
T=0,7 m
T=0,7 m
T=1,6 m
T=0,6 m
T=2,2 m
30
40
50
60
70
80
90
100 %
in % Drehzahl des Bugpropellers

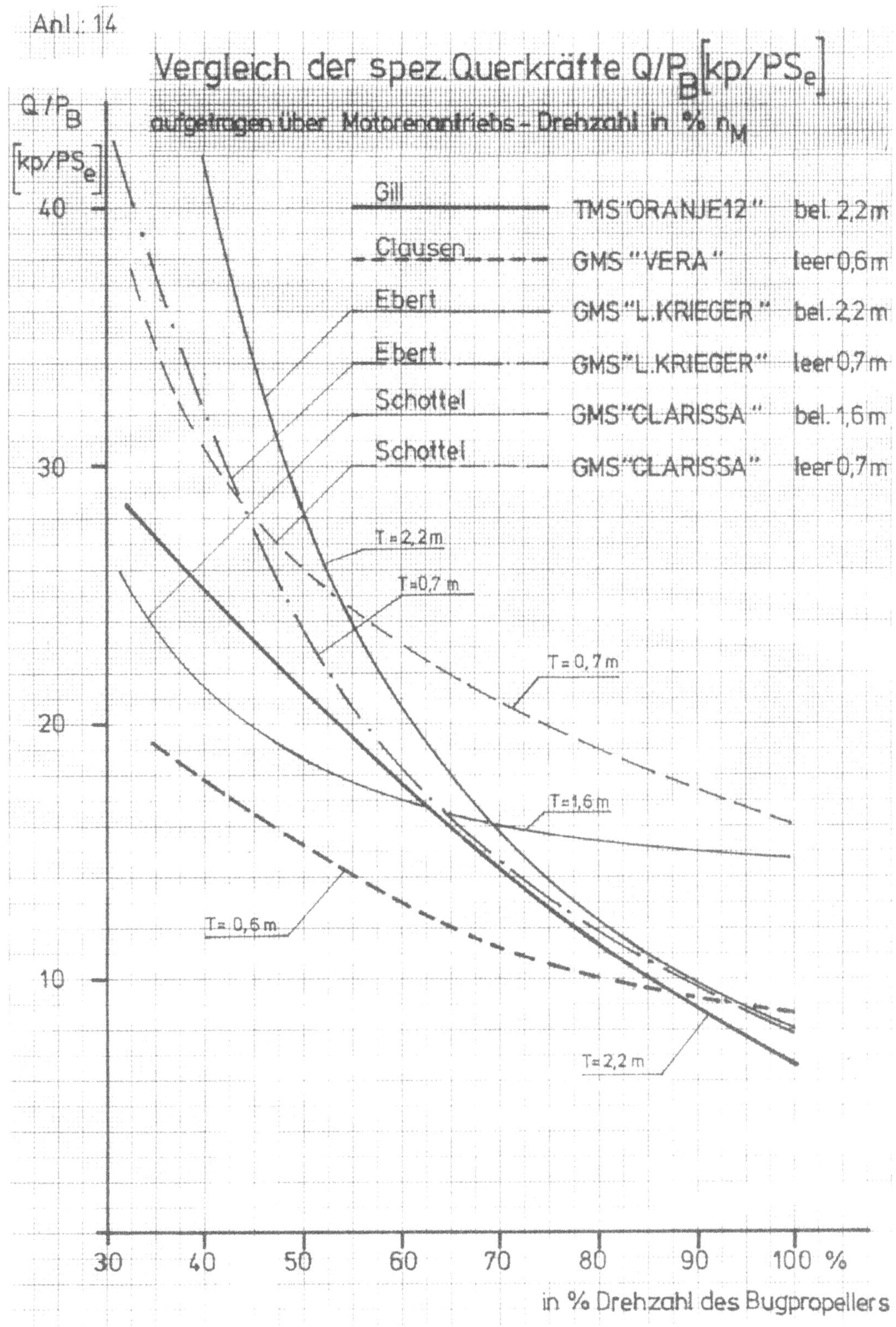

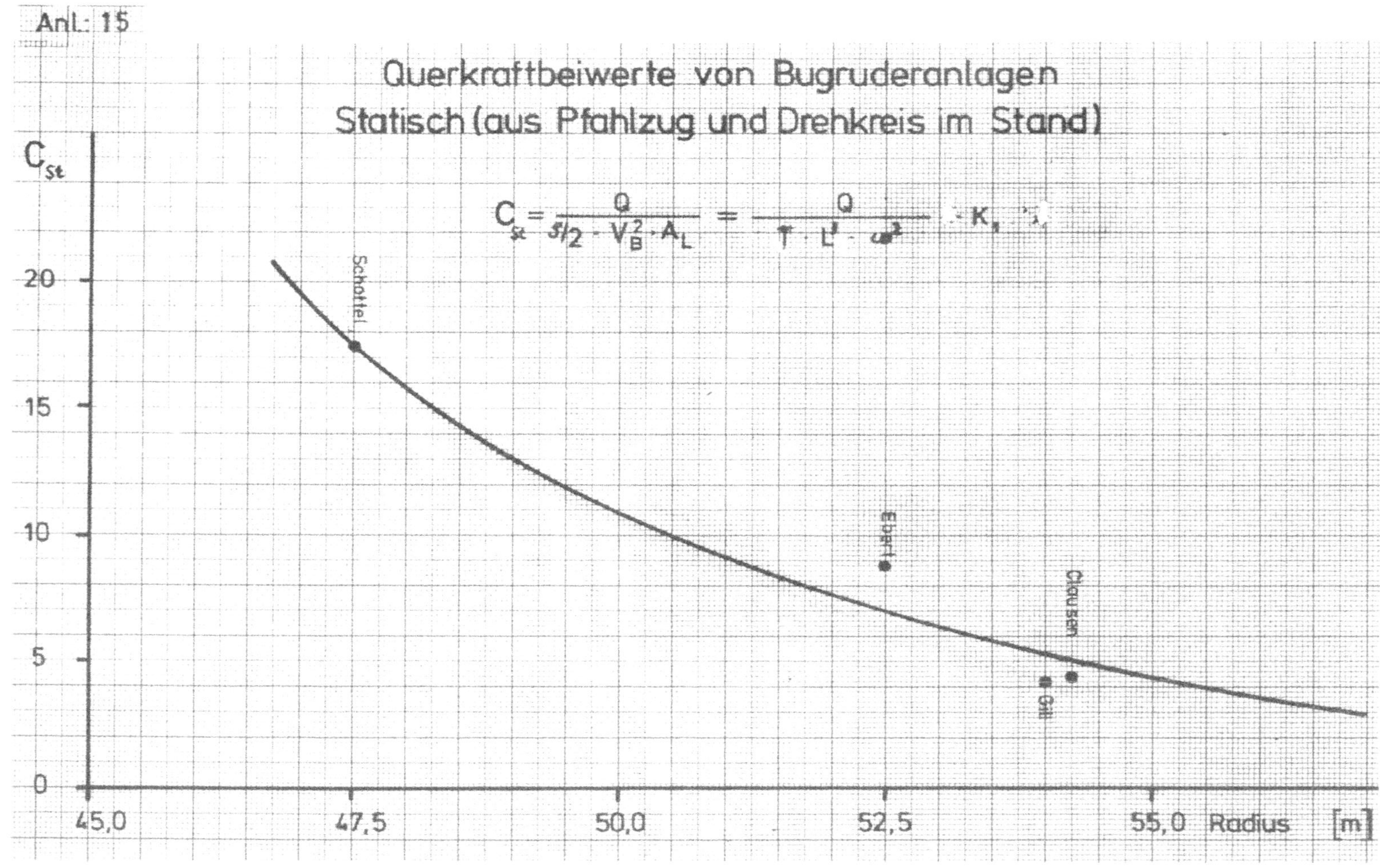

Anl.: 15
Querkraftbeiwerte von Bugruderanlagen
Statisch (aus Pfahlzug und Drehkreis im Stand)
$C_{St} = \frac{Q}{\rho/2 \cdot V_B^2 \cdot A_L}$
C_{St}
20
15
10
5
0
45,0
47,5
50,0
52,5
55,0
Radius [m]
Schottel
Ebert
Clausen
Gill

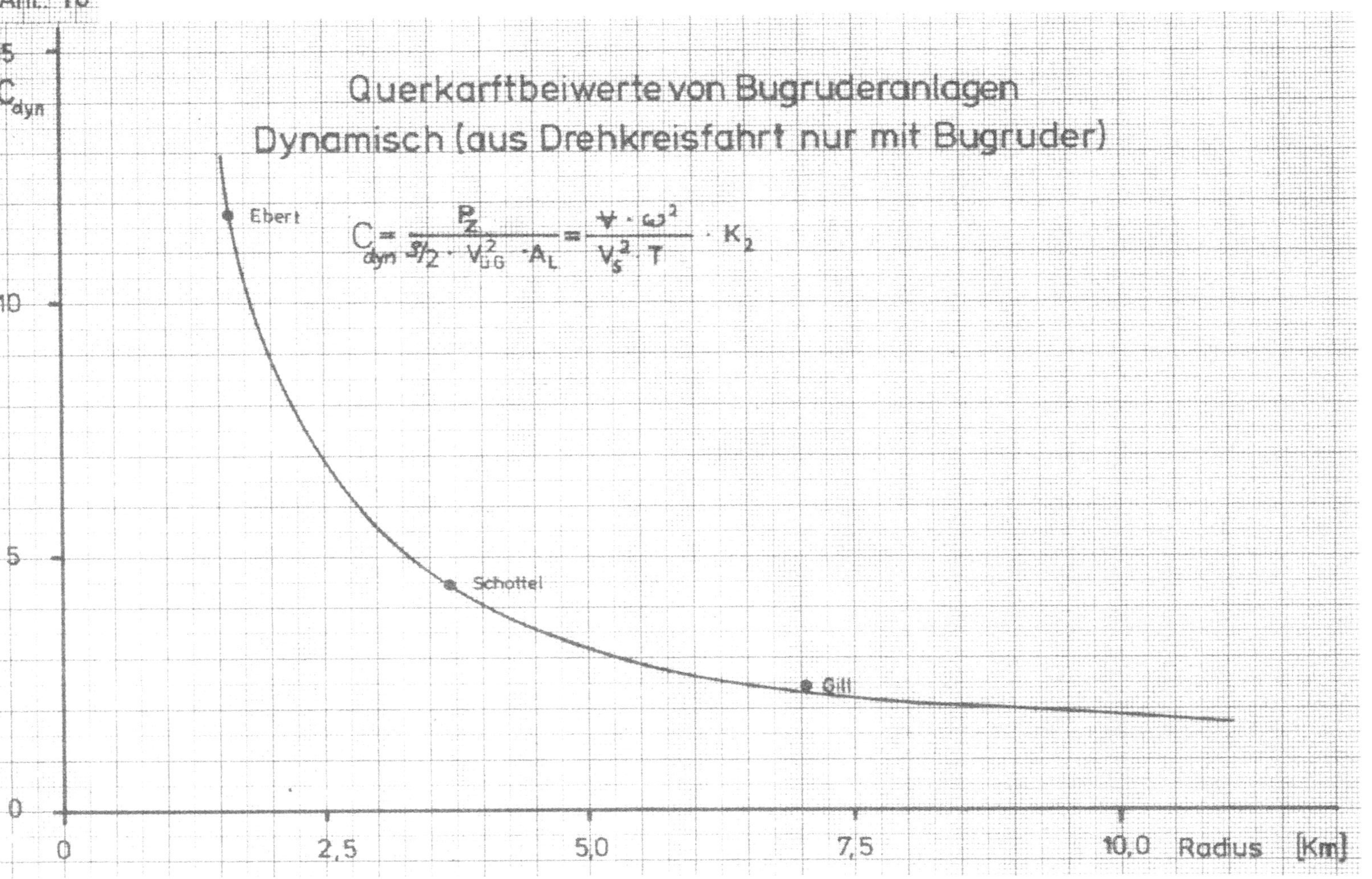
Anl.: 16
15
C_{dyn}
Querkarftbeiwerte von Bugruderanlagen
Dynamisch (aus Drehkreisfahrt nur mit Bugruder)
$C_{dyn} = \frac{P_z}{\rho/2 \cdot V_{UG}^2 \cdot A_L} = \frac{\nabla \cdot \omega^2}{V_S^2 \cdot T} \cdot K_2$
Ebert
10
5
Schottel
Gill
0
0
2,5
5,0
7,5
10,0
Radius [Km]

Anl.: 17

Vergleich der Fahrbahnbreite beladener Schubverbände
bei Fahrt zu Tal mit und ohne Bugruder
$V_{d.W}$ = 14 km/h
V_{Str} = 6 km/h
ohne Bugruder
mit Bugruder
$B^{*}_{F\varnothing}$ [m]
60
50
40
30
20
10
$B_{F\varnothing}$ [m]
83
73
63
53
43
33
23
0
200
400
600
800
1000
1200
1400
1600
Fahrbahnradius [m]

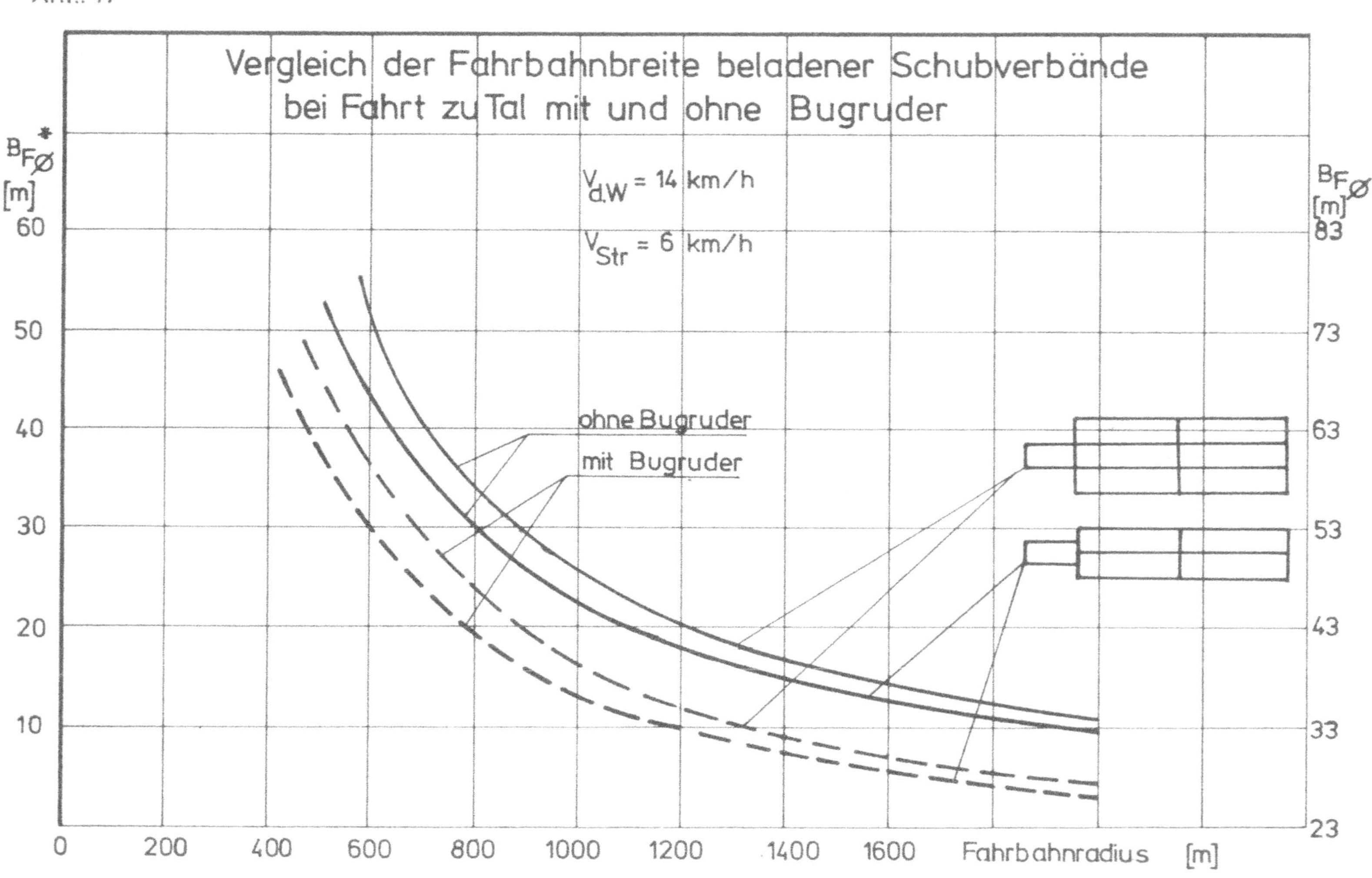

Anl.: 18

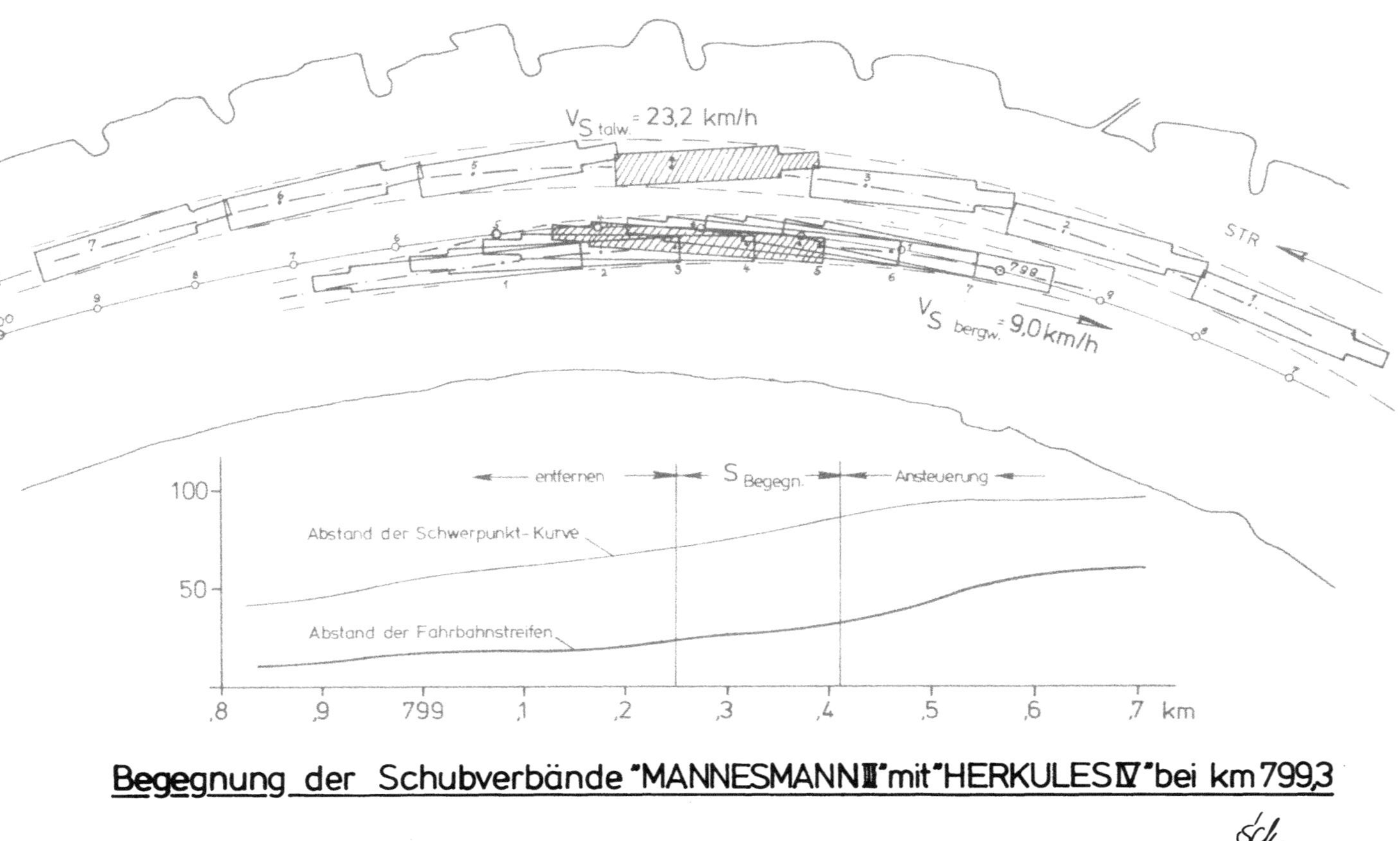

Begegnung der Schubverbände "MANNESMANN III" mit "HERKULES IV" bei km 799,3

Sch.

GPSR Compliance
The European Union's (EU) General Product Safety Regulation (GPSR) is a set of rules that requires consumer products to be safe and our obligations to ensure this.

If you have any concerns about our products, you can contact us on

ProductSafety@springernature.com

In case Publisher is established outside the EU, the EU authorized representative is:

Springer Nature Customer Service Center GmbH
Europaplatz 3
69115 Heidelberg, Germany

www.ingramcontent.com/pod-product-compliance
Ingram Content Group UK Ltd.
Pitfield, Milton Keynes, MK11 3LW, UK
UKHW061659190726
13853UKWH00008B/2289